サイパー思考力算数練習帳シリーズ

シリーズ５４

ひょうでとくもんだい

つるかめざん・さあつめざん・かふそくざん

整数範囲：たし算・ひき算だけでも解ける。九九ができるとなお良い。

◆ 本書の特長

1、算数・数学の考え方の重要な基礎であり、中学受験のす 

質の中で、本書は公約数・公倍数の応用について詳しく説明して

2、自分ひとりで考えて解けるように工夫して作成されて 練習帳と同様に、**教え込まなくても学習できる**ように構成されています。

3、算数の非常に重要な基礎である「作業性」を養います。自分で表に書き入れることで、数値が規則的に変化していることに気づけば、「解き方」を教わることなく、自分で式を立てて解くことができる「理解力」へとつながります。

◆ サイパー思考力算数練習帳シリーズについて

ある問題について同じ種類・同じレベルの問題をくりかえし練習することによって、確かな定着が得られます。

そこで、中学入試につながる文章題について、同種類・同レベルの問題をくりかえし練習することができる教材を作成しました。

◆ 指導上の注意

① 解けない問題、本人が悩んでいる問題については、お母さん（お父さん）が説明してあげて下さい。その時に、できるだけ具体的なものにたとえて説明してあげると良くわかります。

② お母さん（お父さん）はあくまでも補助で、問題を解くのはお子さん本人です。お子さんの達成感を満たすためには、「解き方」から「答」までの全てを教えてしまわないで下さい。教える場合はヒントを与える程度にしておき、本人が自力で答を出すのを待ってあげて下さい。

③ お子さんのやる気が低くなってきていると感じたら、無理にさせないで下さい。お子さんが興味を示す別の問題をさせるのも良いでしょう。

④ 丸付けは、その場でしてあげて下さい。フィードバック（自分のやった行為が正しいかどうか評価を受けること）は早ければ早いほど、本人の学習意欲と定着につながります。

もくじ

つるかめざん

「つるかめざん」と　いうのは、つぎの　ような　もんだいです。

れいだい１、つると　かめが　あわせて　５ひき　います。あしの　かずの　ごうけいは　１２ほんです。つると　かめは、それぞれ　なんびきずつ　いますか。

つるの　あしは　２ほんです。かめの　あしは　４ほんです。

つるが　５わ（※）だとすると、かめは　いません（０ひき）ですね。この　ばあい、つるの　あしの　かずは

（※とりは　**１わ、２わ**…と　かぞえます）

２＋２＋２＋２＋２＝１０　１０ぽんです。

（２×５＝１０　かけざんの　できる　人は、かけざんで　ときましょう）

かめは　いません（０ひき）ので、かめの　あしは　０ほんです。

すると、あしは　ぜんぶで

１０＋０＝１０　１０ぽんに　なります。

これは、もんだいの「あしの　かずの　ごうけいは　１２ほん」に　あってませんから、まちがいです。

では、つるが　４わだとすると　どうなるでしょうか。つるが　４わだと、かめは

５－４＝１　１ぴき

かめは　１ぴき　いることに　なります。

つるの　あしの　かずは

２×４＝８　　８ほん

かめの　あしの　かずは　４ほんです。

あしは　ぜんぶで

８＋４＝１２　１２本

これは、もんだいに　あっていますね。ですから　これが　ただしい　こたえです。

こたえ：つる　４わ、かめ　１ぴき

「つるかめ算」の、「式」で解く解き方は「サイパー思考力算数練習帳シリーズ１１　つるかめ算と差集め算」を学習してください。

これらを　ひょうに　まとめて　かんがえてみましょう。

つるかめざん

	なんびき	なんぼん	なんびき	なんぼん	なんびき	なんぼん	なんびき	なんぼん
つる	5	10	**4**	**8**	3	6	2	4
かめ	0	0	**1**	**4**	2	8	3	12
ごうけい	5	10	**5**	**12**	5	14	5	16

おうちの方へ：このテキストは、作業性を高めるための訓練のテキストです。式は足し算でもかけ算でもかまいません。途中の式や考え方は、正しければどのようなものでも結構です。表にきちんと書き込めることと、それを正しく読み取って正解を求めることが重要です。

れいだい２、つると　かめが　あわせて　６ぴき　います。あしの　かずの　ごうけいは　２０ぽんです。つると　かめは、それぞれ　なんびきずつ　いますか。したの　ひょうに　すうじを　かきいれて、かんがえましょう。

	なんびき	なんぼん	なんびき	なんぼん	なんびき	なんぼん	なんびき	なんぼん	なんびき	なんぼん	なんびき	なんぼん	なんびき	なんぼん
つる	6	12												
かめ	0	0												
ごうけい	6	12	6		6		6		6		6		6	

れいだい２のこたえ

	なんびき	なんぼん	なんびき	なんぼん	なんびき	なんぼん	なんびき	なんぼん	なんびき	なんぼん	なんびき	なんぼん	なんびき	なんぼん
つる	6	12	5	10	4	8	3	6	2	4	1	2	0	0
かめ	0	0	1	4	2	8	3	12	4	16	5	20	6	24
ごうけい	6	12	6	14	6	16	6	18	6	20	6	22	6	24

この　ように　かけましたか。

そして、もんだいの　といに　たいする　こたえは、あしの　かずの　ごうけいが　２０ぽんの　ところですから、

	なんびき	なんぼん	なんびき	なんぼん	なんびき	なんぼん	なんびき	なんぼん	なんびき	なんぼん	なんびき	なんぼん	なんびき	なんぼん
つる	6	12	5	10	4	8	3	6	**2**	**4**	1	2	0	0
かめ	0	0	1	4	2	8	3	12	**4**	**16**	5	20	6	24
ごうけい	6	12	6	14	6	16	6	18	**6**	**20**	6	22	6	24

こたえ：つる　２わ、　かめ　４ひき

こたえは「つる　２わ、　かめ　４ひき」ですから、ひょうは、こたえの　でたところまで　かけていれば　よろしい。

つるかめざん

	なんびき	なんぼん	なんびき	なんぼん	なんびき	なんぼん	なんびき	なんぼん	なんびき	なんぼん	なんびき	なんぼん	なんびき	なんぼん
つる	6	12	5	10	4	8	3	6	**2**	**4**				
かめ	0	0	1	4	2	8	3	12	**4**	**16**				
ごうけい	6	12	6	14	6	16	6	18	**6**	**20**				

↑ここは　かいても
かかなくても　よい

おうちの方へ：表は、答が出るところまで書けていれば正解です。もちろん最後まで書いて、その中から正答を探すという方法も正解です。

匹数の合計は常に等しいことに注目させてください。また、足の本数が規則的に変化していることに気づくと、それはすばらしいことです。

れいだい３、つると　かめが　あわせて　６ぴき　います。あしの　かずの　ごうけいは　２０ぽんです。つると　かめは、それぞれ　なんびきずつ　いますか。したの　ひょうに　すうじを　かきいれて、かんがえましょう。

	なんびき	なんぼん	なんびき	なんぼん	なんびき	なんぼん	なんびき	なんぼん	なんびき	なんぼん	なんびき	なんぼん	なんびき	なんぼん
つる	0	0	1											
かめ	6	24	5											
ごうけい	6	24	6		6		6		6		6		6	

「れいだい２」と　おなじ　もんだいですが､ひょうが　ちがいますね。この　ひょうでも、ただしく　かきいれられるように　しておきましょう。

れいだい３のこたえ

	なんびき	なんぼん	なんびき	なんぼん	なんびき	なんぼん	なんびき	なんぼん	なんびき	なんぼん	なんびき	なんぼん	なんびき	なんぼん
つる	0	0	1	2	2	4	3	6	4	8	5	10	6	12
かめ	6	24	5	20	4	16	3	12	2	8	1	4	0	0
ごうけい	6	24	6	22	6	20	6	18	6	16	6	14	6	12

おうちの方へ：「れいだい２」と「れいだい３」は、表の書き方が逆（つる・かめ、どちらを多くから書き始めるか）になっています。どんな表にでも、正しく書けるように、ご指導ください。

◆　◆　◆　◆　◆

つるかめざん

もんだい1、つると　かめが　あわせて　5ひき　います。あしの　かずの　ごうけいは　14ほんです。つると　かめは、それぞれ　なんびきずつ　いますか。したの　ひょうに　すうじを　かきいれて　こたえましょう。

	なんびき	なんぼん	なんびき	なんぼん	なんびき	なんぼん	なんびき	なんぼん	なんびき	なんぼん	なんびき	なんぼん
つる	5											
かめ	0											
ごうけい	5											

こたえ：つる　　　わ、かめ　　　ひき

もんだい2、つると　かめが　あわせて　7ひき　います。あしの　かずの　ごうけいは　20ぽんです。つると　かめは、それぞれ　なんびきずつ　いますか。したの　ひょうに　すうじを　かきいれて　こたえましょう。

	なんびき	なんぼん	なんびき	なんぼん	なんびき	なんぼん	なんびき	なんぼん	なんびき	なんぼん	なんびき	なんぼん	なんびき	なんぼん	なんびき	なんぼん
つる	0	0														
かめ	7	28														
ごうけい	7															

こたえ：つる　　　わ、かめ　　　ひき

もんだい3、あしが　3ぼんの　かせい人と　あしが　5ほんの　すいせい人が、あわせて　4人　います。あしの　かずの　ごうけいは　16ほんです。かせい人と　すいせい人は、それぞれ　なん人ずつ　いますか。したの　ひょうに　すうじを　かきいれて　こたえましょう。

	なん人	なんぼん	なん人	なんぼん	なん人	なんぼん	なん人	なんぼん	なん人	なんぼん
かせい人	4	12								
すいせい人	0									
ごうけい	4									

こたえ：かせい人　　　人、すいせい人　　　人

つるかめざん

もんだい4、あしが　3ぼんの　かせい人と　あしが　5ほんの　すいせい人が、あわせて　5人　います。あしの　かずの　ごうけいは　21ぽんです。かせい人と　すいせい人は、それぞれ　なん人ずつ　いますか。したの　ひょうに　すうじを　かきいれて　こたえましょう。

	なん人	なんぼん	なん人	なんぼん	なん人	なんぼん	なん人	なんぼん	なん人	なんぼん	なん人	なんぼん
かせい人	0											
すいせい人	5											
ごうけい	5											

こたえ：かせい人　　　人、すいせい人　　　人

もんだい5、つると　かめが　あわせて　10ひき　います。あしの　かずの　ごうけいは　32ほんです。つると　かめは、それぞれ　なんびきずつ　いますか。したの　ひょうに　すうじを　かきいれて　こたえましょう。

	なんびき	なんぼん	なんびき	なんぼん	なんびき	なんぼん	なんびき	なんぼん	なんびき	なんぼん	なんびき	なんぼん
つる	10	20										
かめ	0											
ごうけい	10											

なんびき	なんぼん	なんびき	なんぼん	なんびき	なんぼん	なんびき	なんぼん	なんびき	なんぼん

こたえ：つる　　　わ、かめ　　　ひき

もんだい6、あしが　4ほんの　もくせい人と　あしが　5ほんの　すいせい人が、あわせて　6人　います。あしの　かずの　ごうけいは　25ほんです。もくせい人と　すいせい人は、それぞれ　なん人ずつ　いますか。したの　ひょうに　すうじを　かきいれて　こたえましょう。

	なん人	なんぼん	なん人	なんぼん	なん人	なんぼん	なん人	なんぼん	なん人	なんぼん	なん人	なんぼん	なん人	なんぼん
もくせい人														
すいせい人														
ごうけい														

こたえ：もくせい人　　　人、すいせい人　　　人

つるかめざん

もんだい7、1はこ　2こいりの　キャンディーと、1はこ　3こいりの　キャンディーが、あわせて　5はこ　あります。キャンディーの　かずは　ぜんぶで　12こです。1はこ　2こいりの　キャンディーと　1はこ　3こいりの　キャンディーは、それぞれ　なんはこずつ　ありますか。したの　ひょうに　すうじを　かきいれて　こたえましょう。

	なんはこ	なんこ	なんはこ	なんこ	なんはこ	なんこ	なんはこ	なんこ	なんはこ	なんこ	なんはこ	なんこ
2こいり	5	10										
3こいり	0	0										
ごうけい	5	10										

こたえ：2こいり　　　はこ、　3こいり　　　はこ

おうちの方へ：「箱の数」が「頭の数」、「キャンディーの個数」が「足の数」と同じであることがわかれば、解き方は同じだということがわかります。表の途中まで一緒に書いていただくと良いでしょう。

もんだい8、1はこ　4こいりの　キャンディーと、1はこ　6こいりの　キャンディーが、あわせて　4はこ　あります。キャンディーの　かずは　ぜんぶで　22こです。1はこ　4こいりの　キャンディーと　1はこ　6こいりの　キャンディーは、それぞれ　なんはこずつ　ありますか。したの　ひょうに　すうじを　かきいれて　こたえましょう。

	なんはこ	なんこ	なんはこ	なんこ	なんはこ	なんこ	なんはこ	なんこ	なんはこ	なんこ
4こいり										
6こいり										
ごうけい										

こたえ：4こいり　　　はこ、　6こいり　　　はこ

もんだい9、1はこ　2こいりの　キャンディーと、1はこ　7こいりの　キャンディーが、あわせて　6はこ　あります。キャンディーの　かずは　ぜんぶで　37こです。1はこ　2こいりの　キャンディーと　1はこ　7こいりの　キャンディーは、それぞれ　なんはこずつ　ありますか。したの　ひょうに　すうじを　かきいれて　こたえましょう。

つるかめざん

	なんはこ	なんこ	なんはこ	なんこ	なんはこ	なんこ	なんはこ	なんこ	なんはこ	なんこ	なんはこ	なんこ	なんはこ	なんこ
2こいり														
7こいり														
ごうけい														

こたえ：2こいり　　　はこ、 7こいり　　　はこ

もんだい10、1まい　5えんの　いろがみと、1まい　6えんの　いろがみが、あわせて　4まい　あります。ねだんは　あわせて　22えんです。1まい　5えんの　いろがみと　1まい　6えんの　いろがみは、それぞれ　なんまいずつありますか。したの　ひょうに　すうじを　かきいれて　こたえましょう。

	なんまい	なんえん	なんまい	なんえん	なんまい	なんえん	なんまい	なんえん	なんまい	なんえん
5えん	4	20	3							
6えん	0	0								
ごうけい	4	20								

こたえ：5えん　　　まい、 6えん　　　まい

おうちの方へ：同じく「色紙の枚数」が「頭の数」、「色紙の値段」が「足の数」と同じであることがわかれば、解き方は同じだということがわかります。

もんだい11、1まい　3えんの　いろがみと、1まい　7えんの　いろがみが、あわせて　6まい　あります。ねだんは　あわせて　22えんです。1まい　3えんの　いろがみと　1まい　7えんの　いろがみは、それぞれ　なんまいずつありますか。したの　ひょうに　すうじを　かきいれて　こたえましょう。

	なんまい	なんえん	なんまい	なんえん	なんまい	なんえん	なんまい	なんえん	なんまい	なんえん	なんまい	なんえん	なんまい	なんえん
3えん	6	18	5											
7えん	0	0												
ごうけい	6	18												

こたえ：3えん　　　まい、 7えん　　　まい

つるかめざん

もんだい１２、１こ　５えんの　ガムと、１こ　８えんの　ガムが、あわせて　１０こ　あります。ねだんは　あわせて　６５えんです。１こ　５えんの　ガムと１こ　８えんの　ガムは、それぞれ　なんこずつ　ありますか。したの　ひょうに　すうじを　かきいれて　こたえましょう。

	なんこ	なんえん	なんこ	なんえん	なんこ	なんえん	なんこ	なんえん	なんこ	なんえん	なんこ	なんえん
5えん	１０	５０										
8えん	０											
ごうけい	１０		１０									

なんこ	なんえん	なんこ	なんえん	なんこ	なんえん	なんこ	なんえん	なんこ	なんえん

こたえ：5えん　　　こ、８えん　　　こ

もんだい１３、１ぽん　３cmの　ひもと、１ぽん　７cmの　ひもが、あわせて　１１ぽん　あります。ぜんぶの　長さを　あわせると　５３cmです。１ぽん　３cmの　ひもと　１ぽん　７cmの　ひもは、それぞれ　なんぼんずつ　ありますか。したの　ひょうに　すうじを　かきいれて　こたえましょう。

	なんほん	なん cm	なんほん	なん cm	なんほん	なん cm	なんほん	なん cm	なんほん	なん cm	なんほん	なん cm
3 cm	１１	３３										
7 cm	０											
ごうけい	１１		１１									

なんほん	なん cm	なんほん	なん cm	なんほん	なん cm	なんほん	なん cm	なんほん	なん cm	なんほん	なん cm

こたえ：3cm　　　ほん、７cm　　　ほん

テスト１

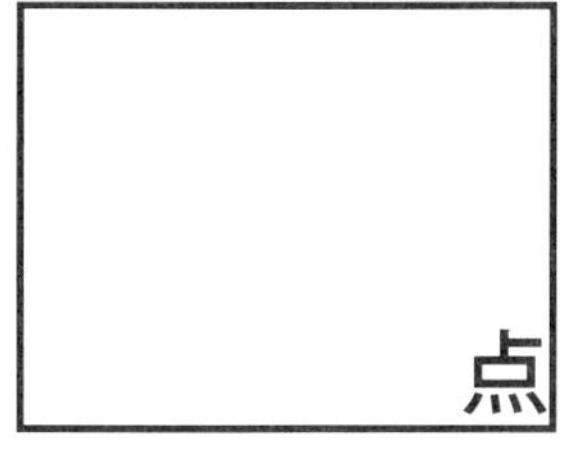

テスト１ー１、つると　かめが　あわせて　７ひき　います。あしの　かずの　ごうけいは　２２ほんです。つるとかめは、それぞれ　なんびきずつ　いますか。したのひょうに　すうじを　かきいれて　こたえましょう。　（各　表10点、答10点）

	なんびき	なんぼん	なんびき	なんぼん	なんびき	なんぼん	なんびき	なんぼん	なんびき	なんぼん	なんびき	なんぼん
つる												
かめ												
ごうけい												

なんびき	なんぼん	なんびき	なんぼん

こたえ：つる　　　わ、かめ　　　ひき

テスト１−２、つると　かめが　あわせて　１０ひき　います。あしの　かずの　ごうけいは　３４ほんです。つると　かめは、それぞれ　なんびきずつ　いますか。したの　ひょうに　すうじを　かきいれて　こたえましょう。

	なんびき	なんぼん	なんびき	なんぼん	なんびき	なんぼん	なんびき	なんぼん	なんびき	なんぼん	なんびき	なんぼん
つる												
かめ												
ごうけい												

なんびき	なんぼん	なんびき	なんぼん	なんびき	なんぼん	なんびき	なんぼん	なんびき	なんぼん

こたえ：つる　　　わ、かめ　　　ひき

テスト１ー３、あしが　３ぼんの　かせい人（じん）と　あしが　５ほんの　すいせい人（じん）が、あわせて　６人（にん）　います。あしの　かずの　ごうけいは　２４ほんです。かせい人（じん）と　すいせい人（じん）は、それぞれ　なん人（にん）ずつ　いますか。つぎの　ページの　ひょうに　すうじを　かきいれて　こたえましょう。

テスト１

	なん人	なんぼん	なん人	なんぼん	なん人	なんぼん	なん人	なんぼん	なん人	なんぼん	なん人	なんぼん	なん人	なんぼん
かせい人														
すいせい人														
ごうけい														

こたえ：かせい人（じん）　　　人、すいせい人（じん）　　　人

テスト１－４、１まい　３えんの　いろがみと、１まい　８えんの　いろがみが、あわせて　６まい　あります。ねだんは　あわせて　２３えんです。１まい　３えんの　いろがみと　１まい　８えんの　いろがみは、それぞれ　なんまいずつありますか。したの　ひょうに　すうじを　かきいれて　こたえましょう。

	なんまい	なんえん	なんまい	なんえん	なんまい	なんえん	なんまい	なんえん	なんまい	なんえん	なんまい	なんえん	なんまい	なんえん
3えん														
8えん														
ごうけい														

こたえ：３えん　　　まい、８えん　　　まい

テスト１－５、１こ　２えんの　ガムと、１こ　９えんの　ガムが、あわせて　１０こ　あります。ねだんは　あわせて　３４えんです。１こ　２えんの　ガムと　１こ　９えんの　ガムは、それぞれ　なんこずつ　ありますか。したの　ひょうに　すうじを　かきいれて　こたえましょう。

	なんこ	なんえん	なんこ	なんえん	なんこ	なんえん	なんこ	なんえん	なんこ	なんえん	なんこ	なんえん	なんこ	なんえん	なんこ	なんえん	なんこ	なんえん	なんこ	なんえん	なんこ	なんえん
2えん																						
9えん																						
ごうけい																						

こたえ：２えん　　　こ、９えん　　　こ

さあつめざん１

れいだい４、１こ　３えんの　ガムと　１こ　５えんの　キャンディーを　おなじ　かずずつ　かったところ、ガムと　キャンディーの　ねだんの　さは　８えんに　なりました。ガムと　キャンディーは、それぞれ　なんこずつ　かいましたか。したの　ひょうに　すうじを　かきいれて、かんがえましょう。

	なんこ	なんえん	なんこ	なんえん	なんこ	なんえん	なんこ	なんえん	なんこ	なんえん	なんこ	なんえん	なんこ	なんえん
キャンディー														
ガム														
さ														

「差集め算」の、「式」で解く解き方は「サイパー思考力算数練習帳シリーズ１１　つるかめ算と差集め算」を学習してください。

たとえば、どちらも　１こずつ　かうと

５－３＝２　　２えんの　さに　なります。

どちらも　２こずつ　かうと

５×２＝１０…キャンディのねだん　　３×２＝６…ガムのねだん　←※

１０－６＝４　　４えんの　さに　なります。

これらを　ひょうに　かいて、ただしい　こたえを　さがしましょう。

※九九をまだ習っていない場合は、足し算で解くようにご指導ください。

	なんこ	なんえん	なんこ	なんえん	なんこ	なんえん	なんこ	なんえん	なんこ	なんえん	なんこ	なんえん
キャンディー	1	5	2	10	3	15	**4**	**20**	5	25	6	30
ガム	1	3	2	6	3	9	**4**	**12**	5	15	6	18
さ		2		4		6		**8**		10		12

こたえ：４こずつ

こたえが　みつかった　ところで、ひょうを　かくのは　おわりに　しましょう。

	なんこ	なんえん	なんこ	なんえん	なんこ	なんえん	なんこ	なんえん	なんこ	なんえん	なんこ	なんえん
キャンディー	1	5	2	10	3	15	**4**	**20**	5	25	6	30
ガム	1	3	2	6	3	9	**4**	**12**	5	15	6	18
さ		2		4		6		**8**		10		12

↑ここからは　かかないように

おうちの方へ：つるかめ算と違って、この表に終わりはありませんので、答が出ているのにさらに表を書き続けている場合は、答が出ていることに気づくよう、声をかけてあげてください。

◆　◆　◆　◆　◆

さあつめざん１

もんだい１４、１こ　４えんの　ガムと　１こ　５えんの　キャンディーを　おなじ　かずずつ　かったところ、ガムと　キャンディーの　ねだんの　さは　５えんに　なりました。ガムと　キャンディーは、それぞれ　なんこずつ　かいましたか。したの　ひょうに　すうじを　かきいれて、かんがえましょう。

	なんこ	なんえん	なんこ	なんえん	なんこ	なんえん	なんこ	なんえん	なんこ	なんえん	なんこ	なんえん	なんこ	なんえん
キャンディー														
ガム														
さ														

こたえ：　　　こずつ

もんだい１５、１こ　３えんの　ガムと　１こ　７えんの　キャンディーを　おなじ　かずずつ　かったところ、ガムと　キャンディーの　ねだんの　さは　２０えんに　なりました。ガムと　キャンディーは、それぞれ　なんこずつ　かいましたか。したの　ひょうに　すうじを　かきいれて、かんがえましょう。

	なんこ	なんえん	なんこ	なんえん	なんこ	なんえん	なんこ	なんえん	なんこ	なんえん	なんこ	なんえん	なんこ	なんえん
キャンディー														
ガム														
さ														

こたえ：　　　こずつ

もんだい１６、１ぽん　５cmの　あかい　ひもと　１ぽん　８cmの　あおい　ひもを　おなじ　かずずつ　かったところ、あかい　ひもと　あおい　ひもの　ながさの　さは　１８cmに　なりました。あかい　ひもと　あおい　ひもは、それぞれ　なんぼんずつ　かいましたか。したの　ひょうに　すうじを　かきいれて、かんがえましょう。

	なんぼん	なん cm	なんぼん	なん cm	なんぼん	なん cm	なんぼん	なん cm	なんぼん	なん cm	なんぼん	なん cm	なんぼん	なん cm
あおいひも														
あかいひも														
さ														

こたえ：　　　ほんずつ

さあつめざん１

もんだい１７、１ぽん　２cm の　あかい　ひもと　１ぽん　９cm の　あおい　ひもを　おなじ　かずずつ　かったところ、あかい　ひもと　あおい　ひもの　ながさの　さは　４９cm に　なりました。あかい　ひもと　あおい　ひもは、それぞれ　なんぼんずつ　かいましたか。したの　ひょうに　すうじを　かきいれて、かんがえましょう。

	なんぼん	なん cm	なんぼん	なん cm	なんぼん	なん cm	なんぼん	なん cm	なんぼん	なん cm	なんぼん	なん cm	なんぼん	なん cm
あおいひも														
あかいひも														
さ														

こたえ：　　　ほんずつ

もんだい１８、１はこ　３こいりの　きいろい　おはじきと　１はこ　９こいりの　しろい　おはじきを　おなじ　はこの　かずずつ　かったところ、きいろと　しろの　おはじきの　こすうの　さは　２４こに　なりました。きいろと　しろの　おはじきは、それぞれ　なんはこずつ　かいましたか。したの　ひょうに　すうじを　かきいれて、かんがえましょう。

	なんはこ	なんこ	なんはこ	なんこ	なんはこ	なんこ	なんはこ	なんこ	なんはこ	なんこ	なんはこ	なんこ	なんはこ	なんこ
しろい おはじき														
きいろい おはじき														
さ														

こたえ：　　　はこずつ

もんだい１９、１はこ　２こいりの　あかい　キャンディと　１はこ　７こいりの　きいろい　キャンディを　おなじ　はこの　かずずつ　かったところ、あかと　きいろの　キャンディの　こすうの　さは　３５こに　なりました。あかと　きいろの　キャンディは、それぞれ　なんはこずつ　かいましたか。つぎの　ページの　ひょうに　すうじを　かきいれて、かんがえましょう。

さあつめざん１

	なんはこ	なんこ	なんはこ	なんこ	なんはこ	なんこ	なんはこ	なんこ	なんはこ	なんこ	なんはこ	なんこ	なんはこ	なんこ
きいろい キャンディ														
あかい キャンディ														
さ														

こたえ：　　　はこずつ

もんだい２０、１はこ　３こいりの　あおい　ビーだまと　１はこ　８こいりの　あかい　ビーだまを　おなじ　はこの　かずずつ　かったところ、あおと　あかの　ビーだまの　こすうの　さは　３０こに　なりました。あおと　あかの　ビーだまは、それぞれ　なんはこずつ　かいましたか。したの　ひょうに　すうじを　かきいれて、かんがえましょう。

	なんはこ	なんこ	なんはこ	なんこ	なんはこ	なんこ	なんはこ	なんこ	なんはこ	なんこ	なんはこ	なんこ	なんはこ	なんこ
あかい ビーだま														
あおい ビーだま														
さ														

こたえ：　　　はこずつ

もんだい２１、１ぽん　７cm の　あかい　ひもと　１ぽん　８cm の　あおい　ひもを　おなじ　かずずつ　かったところ、あかい　ひもと　あおい　ひもの　ながさの　さは　６cm に　なりました。あかい　ひもと　あおい　ひもは、それぞれ　なんぼんずつ　かいましたか。したの　ひょうに　すうじを　かきいれて、かんがえましょう。

	なんほん	なん cm	なんほん	なん cm	なんほん	なん cm	なんほん	なん cm	なんほん	なん cm	なんほん	なん cm	なんほん	なん cm
あおいひも														
あかいひも														
さ														

こたえ：　　　ほんずつ

テスト２

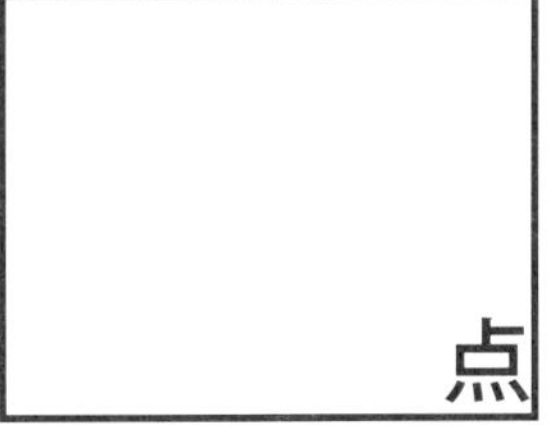

テスト２ー１、１こ　４えんの　ガムと　１こ　７えんの　キャンディーを　おなじ　かずずつ　かったところ、ガムと　キャンディーの　ねだんの　さは　１５えんに　なりました。ガムと　キャンディーは、それぞれ　なんこずつ　かいましたか。したの　ひょうに　すうじを　かきいれて、かんがえましょう。　（各　表10点、答10点）

	なんこ	なんえん	なんこ	なんえん	なんこ	なんえん	なんこ	なんえん	なんこ	なんえん	なんこ	なんえん	なんこ	なんえん
キャンディー														
ガム														
さ														

こたえ：　　　こずつ

テスト２ー２、１ぽん　３cmの　あかい　ひもと　１ぽん　７cmの　あおい　ひもを　おなじ　かずずつ　かったところ、あかい　ひもと　あおい　ひもの　ながさの　さは　２８cmに　なりました。あかい　ひもと　あおい　ひもは、それぞれ　なんぼんずつ　かいましたか。したの　ひょうに　すうじを　かきいれて、かんがえましょう。

	なんぼん	なん cm	なんぼん	なん cm	なんぼん	なん cm	なんぼん	なん cm	なんぼん	なん cm	なんぼん	なん cm	なんぼん	なん cm
あおいひも														
あかいひも														
さ														

こたえ：　　　ほんずつ

テスト２ー３、１ぽん　１cmの　あかい　ひもと　１ぽん　９cmの　あおい　ひもを　おなじ　かずずつ　かったところ、あかい　ひもと　あおい　ひもの　ながさの　さは　４８cmに　なりました。あかい　ひもと　あおい　ひもは、それぞれ　なんぼんずつ　かいましたか。したの　ひょうに　すうじを　かきいれて、かんがえましょう。

	なんぼん	なん cm	なんぼん	なん cm	なんぼん	なん cm	なんぼん	なん cm	なんぼん	なん cm	なんぼん	なん cm	なんぼん	なん cm
あおいひも														
あかいひも														
さ														

テスト２

こたえ：　　　ほんずつ

テスト２－４、１はこ　２こいりの　きいろい　おはじきと　１はこ　７こいりの　しろい　おはじきを　おなじ　はこの　かずずつ　かったところ、きいろと　しろの　おはじきの　こすうの　さは　３０こに　なりました。きいろと　しろの　おはじきは、それぞれ　なんはこずつ　かいましたか。したの　ひょうに　すうじを　かきいれて、かんがえましょう。

	なんはこ	なんこ	なんはこ	なんこ	なんはこ	なんこ	なんはこ	なんこ	なんはこ	なんこ	なんはこ	なんこ	なんはこ	なんこ
しろい おはじき														
きいろい おはじき														
さ														

こたえ：　　　はこずつ

テスト２－５、１はこ　４こいりの　きいろい　キャンディと　１はこ　８こいりの　しろい　キャンディを　おなじ　はこの　かずずつ　かったところ、きいろと　しろの　キャンディの　こすうの　さは　３６こに　なりました。きいろと　しろの　キャンディは、それぞれ　なんはこずつ　かいましたか。したの　ひょうに　すうじを　かきいれて、かんがえましょう。

	なんはこ	なんこ	なんはこ	なんこ	なんはこ	なんこ	なんはこ	なんこ	なんはこ	なんこ	なんはこ	なんこ	なんはこ	なんこ
しろい キャンディ														
きいろい キャンディ														
さ														

なんはこ	なんこ	なんはこ	なんこ	なんはこ	なんこ	なんはこ	なんこ	なんはこ	なんこ	なんはこ	なんこ	なんはこ	なんこ

こたえ：　　　はこずつ

さあつめざん２

れいだい５、１こ　３えんの　ガムを　なんこか　かう　つもりで　ちょうどの　きんがくを　もって　おみせに　いきましたが、１こ　５えんの　ガムしか　なかったので、そちらを　かうと、きんがくは　おなじで　よていより　４こ　すくなく　かうことに　なりました。おみせに　なんえん　もっていきましたか。したの　ひょうに　すうじを　かきいれて、かんがえましょう。

	なんこ	なんえん	なんこ	なんえん	なんこ	なんえん	なんこ	なんえん	なんこ	なんえん	なんこ	なんえん	なんこ	なんえん
３えんのガム														
５えんのガム														
さ														

３えんの　ガムより　５えんの　ガムの　ほうが　４こ　すくなかったので、３えんのガムと　５えんのガムの　こすうの　さは　いつも　４に　なります。

	なんこ	なんえん	なんこ	なんえん	なんこ	なんえん	なんこ	なんえん	なんこ	なんえん	なんこ	なんえん	なんこ	なんえん
３えんのガム														
５えんのガム														
さ	4		4		4		4		4		4		4	

いちばん　すくない　こすうの　ばあいから、かいてみましょう。４こさに　なるいちばん　すくない　こすうは「３えんのガム５こ　５えんのガム１こ」の　ばあいです。

	なんこ	なんえん	なんこ	なんえん	なんこ	なんえん	なんこ	なんえん	なんこ	なんえん	なんこ	なんえん	なんこ	なんえん
３えんのガム	5	15	6	18										
５えんのガム	1	5	2	10										
さ	4		4		4		4		4		4		4	

その　あとは　１つずつ　こすうを　ふやして、ねだんが　おなじに　なる　ばしょを　さがしましょう。

	なんこ	なんえん	なんこ	なんえん	なんこ	なんえん	なんこ	なんえん	なんこ	なんえん	なんこ	なんえん	なんこ	なんえん
３えんのガム	5	15	6	18	7	21	8	24	9	27	10	**30**		
５えんのガム	1	5	2	10	3	15	4	20	5	25	6	**30**		
さ	4		4		4		4		4		4		4	

３０えんの　ばあいが、どちらも　おなじ　ねだんですね。

こたえ：３０えん

さあつめざん２

れいだい６、１こ　３えんの　ガムを　なんこか　かう　つもりで　ちょうどの　きんがくを　もって　おみせに　いきましたが、１こ　５えんの　ガムしか　なかったので、そちらを　かうと、きんがくは　おなじで　よていより　４こ　すくなく　かうことが　できました。さいしょ　３えんの　ガムを　なんこ　かう　つもりでしたか。

	なんこ	なんえん	なんこ	なんえん	なんこ	なんえん	なんこ	なんえん	なんこ	なんえん	なんこ	なんえん	なんこ	なんえん
３えんのガム														
５えんのガム														
さ														

れいだい５と、まったく　おなじ　すうちの　もんだいです。しつもんされている　ないようが　ちがうだけですね。

	なんこ	なんえん	なんこ	なんえん	なんこ	なんえん	なんこ	なんえん	なんこ	なんえん	なんこ	なんえん	なんこ	なんえん
３えんのガム	５	１５	６	１８	７	２１	８	２４	９	２７	**１０**	**３０**		
５えんのガム	１	５	２	１０	３	１５	４	２０	５	２５	６	**３０**		
さ	４		４		４		４		４		４		４	

この　もんだいでは「さいしょ　３えんの　ガムを　なんこ　かうつもりでしたか」が、とわれている　ないようですから、かく　ひょうは　まったく　おなじで、こたえる　ばしょが　ちがう　ことに　なります。さいしょは　３えんの　ガムを　かうつもりでしたから、その　こすうは　１０こ　です。

こたえ：１０こ

もんだい２２、１こ　４えんの　ガムを　なんこか　かう　つもりで　ちょうどの　きんがくを　もって　おみせに　いきましたが、１こ　５えんの　ガムしか　なかったので、そちらを　かうと、きんがくは　おなじで　よていより　１こ　すくなく　かうことが　できました。おみせに　なんえん　もっていきましたか。つぎの　ページの　ひょうに　すうじを　かきいれて、かんがえましょう。

さあつめざん２

	なんこ	なんえん	なんこ	なんえん	なんこ	なんえん	なんこ	なんえん	なんこ	なんえん	なんこ	なんえん	なんこ	なんえん
４えんのガム														
５えんのガム														
さ	1		1		1		1		1		1		1	

こたえ：　　　えん

もんだい２３、１こ　６えんの　あめを　なんこか　かう　つもりで　ちょうどの　きんがくを　もって　おみせに　いきましたが、１こ　８えんの　あめしか　なかったので、そちらを　かうと、きんがくは　おなじで　よていより　１こ　すくなく　かうことが　できました。６えんの　あめを　なんこ　かう　つもりでしたか。したの　ひょうに　すうじを　かきいれて、かんがえましょう。

	なんこ	なんえん	なんこ	なんえん	なんこ	なんえん	なんこ	なんえん	なんこ	なんえん	なんこ	なんえん	なんこ	なんえん
６えんのあめ														
８えんのあめ														
さ	1													

こたえ：　　　こ

もんだい２４、１こ　４えんの　ガムを　なんこか　かう　つもりで　ちょうどの　きんがくを　もって　おみせに　いきましたが、１こ　６えんの　ガムしか　なかったので、そちらを　かうと、きんがくは　おなじで　よていより　２こ　すくなく　かうことが　できました。おみせに　なんえん　もっていきましたか。したの　ひょうに　すうじを　かきいれて、かんがえましょう。

	なんこ	なんえん	なんこ	なんえん	なんこ	なんえん	なんこ	なんえん	なんこ	なんえん	なんこ	なんえん	なんこ	なんえん
４えんのガム														
６えんのガム														
さ	2													

こたえ：　　　えん

もんだい２５、１こ　４えんの　あめを　なんこか　かう　つもりで　ちょうどの　きんがくを　もって　おみせに　いきましたが、１こ　８えんの　あめしか　なかったので、そちらを　かうと、きんがくは　おなじで　よていより　４こ　すくなく　かうことが　できました。４えんの　あめを　なんこ　かう　つもりでしたか。したの　ひょうに　すうじを　かきいれて、かんがえましょう。

	なんこ	なんえん	なんこ	なんえん	なんこ	なんえん	なんこ	なんえん	なんこ	なんえん	なんこ	なんえん	なんこ	なんえん
４えんのあめ														
８えんのあめ														
さ														

こたえ：　　　こ

もんだい２６、１こ　９えんの　ガムを　なんこか　かう　つもりで　ちょうどの　きんがくを　もって　おみせに　いきましたが、１こ　６えんの　ガムしか　なかったので、そちらを　かうと、きんがくは　おなじで　よていより　２こ　おおく　かうことが　できました。おみせに　なんえん　もって　いきましたか。したの　ひょうに　すうじを　かきいれて、かんがえましょう。

	なんこ	なんえん	なんこ	なんえん	なんこ	なんえん	なんこ	なんえん	なんこ	なんえん	なんこ	なんえん	なんこ	なんえん
９えんのガム														
６えんのガム														
さ														

こたえ：　　　えん

もんだい２７、１こ　６えんの　あめを　なんこか　かう　つもりで　ちょうどの　きんがくを　もって　おみせに　いきましたが、１こ　３えんの　あめしか　なかったので、そちらを　かうと、きんがくは　おなじで　よていより　４こ　おおく　かうことが　できました。６えんの　あめを　なんこ　かう　つもりでしたか。したの　ひょうに　すうじを　かきいれて、かんがえましょう。

	なんこ	なんえん	なんこ	なんえん	なんこ	なんえん	なんこ	なんえん	なんこ	なんえん	なんこ	なんえん	なんこ	なんえん
６えんのあめ														
３えんのあめ														
さ														

こたえ：　　　こ

テスト３

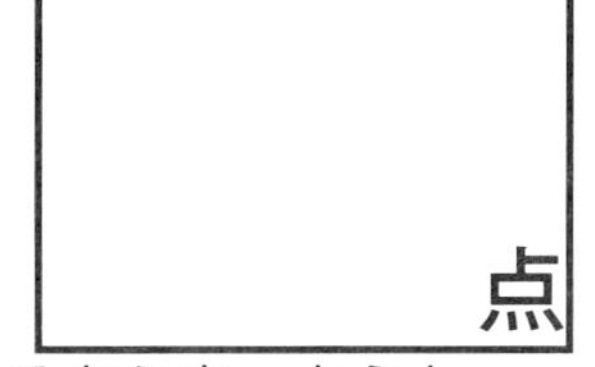

テスト３ー１、１こ　２えんの　ガムを　なんこか　かう　つもりで　ちょうどの　きんがくを　もって　おみせに　いきましたが、１こ　６えんの　ガムしか　なかったので、そちらを　かうと、きんがくは　おなじで　よていより　６こ　すくなく　かうことが　できました。おみせに　なんえん　もっていきましたか。したの　ひょうに　すうじを　かきいれて、かんがえましょう。　（各　表10点、答10点）

	なんこ	なんえん	なんこ	なんえん	なんこ	なんえん	なんこ	なんえん	なんこ	なんえん	なんこ	なんえん	なんこ	なんえん	
２えんのガム															
６えんのガム															
さ	6		6		6		6		6		6		6		

こたえ：　　　えん

テスト３ー２、１まい　４えんの　いろがみを　なんまいか　かう　つもりで　ちょうどの　きんがくを　もって　おみせに　いきましたが、１まい　１０えんの　いろがみしか　なかったので、そちらを　かうと、きんがくは　おなじで　よていより　３まい　すくなく　かうことが　できました。４えんの　いろがみを　なんまい　かう　つもりでしたか。したの　ひょうに　すうじを　かきいれて、かんがえましょう。

	なんまい	なんえん	なんまい	なんえん	なんまい	なんえん	なんまい	なんえん	なんまい	なんえん	なんまい	なんえん	なんまい	なんえん	
４えんの いろがみ															
１０えんの いろがみ															
さ	3														

こたえ：　　　まい

テスト３ー３、１こ　３えんの　あめを　なんこか　かうつもりで　ちょうどの　きんがくを　もって　おみせに　いきましたが、１こ　９えんの　あめしか　なかったので、そちらを　かうと、きんがくは　おなじで　よていより　４こ　すくなく　かうことが　できました。おみせに　なんえん　もっていきましたか。つぎの　ページの　ひょうに　すうじを　かきいれて、かんがえましょう。

テスト３

	なんこ	なんえん	なんこ	なんえん	なんこ	なんえん	なんこ	なんえん	なんこ	なんえん	なんこ	なんえん	なんこ	なんえん
3えんのあめ														
9えんのあめ														
さ														

こたえ：　　　えん

テスト３−４、１まい　１０えんの　おせんべいを　なんまいか　かうつもりで　ちょうどの　きんがくを　もって　おみせに　いきましたが、１まい　６えんの　おせんべいしか　なかったので、そちらを　かうと、きんがくは　おなじで　よていより　２まい　おおく　かうことが　できました。１０えんの　おせんべいを　なんまい　かうつもりでしたか。したの　ひょうに　すうじを　かきいれて、かんがえましょう。

	なんまい	なんえん	なんまい	なんえん	なんまい	なんえん	なんまい	なんえん	なんまい	なんえん	なんまい	なんえん	なんまい	なんえん
１０えんの おせんべい														
６えんの おせんべい														
さ														

こたえ：　　　まい

テスト３−５、１こ　８えんの　ガムを　なんこか　かうつもりで　ちょうどの　きんがくを　もって　おみせに　いきましたが、１こ　６えんの　ガムしか　なかったので、そちらを　かうと、きんがくは　おなじで　よていより　１こ　おおく　かうことが　できました。おみせに　なんえん　もっていきましたか。したの　ひょうに　すうじを　かきいれて、かんがえましょう。

	なんこ	なんえん	なんこ	なんえん	なんこ	なんえん	なんこ	なんえん	なんこ	なんえん	なんこ	なんえん	なんこ	なんえん
8えんのガム														
6えんのガム														
さ														

こたえ：　　　えん

かふそくざん

れいだい7、えんぴつが　なんぼんか　あります。その　えんぴつを　こどもたちに　1人　2ほんずつ　あげると　7ほん　あまり、1人　3ぼんずつ　あげると　2ほん　あまります。えんぴつは　なんぼん　ありますか。したの　ひょうに　すうじを　かきいれて、かんがえましょう。

こどもの にんずう	1人	2人	3人	4人	5人	6人
2ほんずつ あげた	2×□＋7＝	2×□＋7＝	2×□＋7＝	2×□＋7＝	2×□＋7＝	2×□＋7＝
3ぼんずつ あげた	3×□＋2＝	3×□＋2＝	3×□＋2＝	3×□＋2＝	3×□＋2＝	3×□＋2＝

（せつめいが　わかりやすいので、ここでは、しきに「ほん」「人」など　たんいを　つけて　あらわします）こどもたちの　人ずうを　□人とすると、

＊えんぴつを　2ほんずつ　あげた　ばあいの　えんぴつ　ぜんぶの　ほんすうは
2ほん×□人…あげた　かず　　7ほん…あまった　かず
2ほん×□人＋7ほん…えんぴつ　ぜんぶの　かず

＊えんぴつを　3ぼんずつ　あげた　ばあいの　えんぴつ　ぜんぶの　ほんすうは
3ぼん×□人…あげた　かず　　2ほん…あまった　かず
3ぼん×□人＋2ほん…えんぴつ　ぜんぶの　かず

となります。この　2つの　ばあいの　えんぴつの　ほんすうが　ひとしく　なるはずです。ですから、これらを　ひょうに　かいて、どちらの　ばあいも　えんぴつが　おなじ　ほんすうに　なった　ところが　ただしい　こたえです。

こどもの にんずう	1人	2人	3人
2ほんずつ あげた	2×1＋7＝9	2×2＋7＝11	2×3＋7＝13
3ぼんずつ あげた	3×1＋2＝5	3×2＋2＝　8	3×3＋2＝11

かふそくざん

4人	5人	6人
2×4＋7＝１５	2×5＋7＝**17**	2×6＋7＝１９
3×4＋2＝１４	3×5＋2＝**17**	3×6＋2＝２０

こたえ：　１７　ほん

おうちの方へ：最初は、式も書くようにご指導ください。なれてくれば暗算で、数値だけ表に書き入れても良いでしょう。

これまでの問題と同じように、数値が規則的に変化していることに気が付くと、今後、式だけで解く時の大きな手助けとなります。

表は、５人目まででよく、６人目以降は書く必要がありません。

れいだい8、えんぴつが　なんぼんか　あります。その　えんぴつを　こどもたちに１人　2ほんずつ　あげると　7ほん　あまり、1人　3ぼんずつ　あげると2ほん　あまります。こどもたちの　人ずうは　なん人ですか。

れいだい７と　すうじは　まったく　おなじ　もんだいです。ですが、たずねられている　ぶぶんが　ちがいますね。れいだい７は　「えんぴつは　なんぼん　ありますか」で、この　れいだい８は　「こどもたちの　人ずうは　なん人ですか」です。

すうじは　おなじなので、ひょうは　まったく　おなじに　なります。

こどものにんずう	1人	2人	3人	4人	5人	6人
2ほんずつあげた	2×1＋7＝9	2×2＋7＝１１	2×3＋7＝１３	2×4＋7＝１５	2×5＋7＝**17**	2×6＋7＝１９
3ぼんずつあげた	3×1＋2＝5	3×2＋2＝　8	3×3＋2＝１１	3×4＋2＝１４	3×5＋2＝**17**	3×6＋2＝２０

ただしい　こたえは　「えんぴつ　１７ほん」の　ところでした。この　もんだいで　たずねられているのは、「こどもたちの　人ずう」ですから、こたえは　「５人」と　なります。

こたえ：　５　人

◆　◆　◆　◆　◆

もんだい２８、えんぴつが　なんぼんか　あります。その　えんぴつを　こどもたちに　１人　3ぼんずつ　あげると　１３ぼん　あまり、１人　5ほんずつ　あげると　3ぼん　あまります。えんぴつは　なんぼん　ありますか。したの　ひょうに　すうじを　かきいれて、かんがえましょう。

こどものにんずう	1人	2人	3人
3ぼんずつあげた	3× + =	3× + =	3× + =
5ほんずつあげた	5× + =	5× + =	5× + =

4人	5人	6人
3× + =	3× + =	3× + =
5× + =	5× + =	5× + =

こたえ：　　　ほん

もんだい２９、えんぴつが　なんぼんか　あります。その　えんぴつを　こどもたちに　１人　3ぼんずつ　あげると　２５ほん　あまり、１人　7ほんずつ　あげると　１ぽん　あまります。こどもたちの　人ずうは　なん人ですか。

こどものにんずう	1人	2人	3人
3ぼんずつあげた	3× + =	3× + =	3× + =
7ほんずつあげた	7× + =	7× + =	7× + =

4人	5人	6人
3× + =	3× + =	3× + =
7× + =	7× + =	7× + =

こたえ：　　　人

もんだい３０、けしごむが　なんこか　あります。その　けしごむを　こどもたちに　１人　２こずつ　あげると　１８こ　あまり、１人　６こずつ　あげると　２こ　あまります。けしごむは　なんこ　ありますか。したの　ひょうに　すうじを

かふそくざん

かきいれて、かんがえましょう。

こどもの にんずう	1人	2人	3人	4人	5人	6人
2こずつ あげた	× ＋ ＝	× ＋ ＝	× ＋ ＝	× ＋ ＝	× ＋ ＝	× ＋ ＝
6こずつ あげた	× ＋ ＝	× ＋ ＝	× ＋ ＝	× ＋ ＝	× ＋ ＝	× ＋ ＝

こたえ：　　　　こ

◆　◆　◆　◆　◆

れいだい9、えんぴつが　なんぼんか　あります。もし、その　えんぴつを　こどもたちに　1人　3ぼんずつ　あげるとすると　6ぽん　たりず、1人　2ほんずつ　あげることに　しても　1ぽん　たりません。えんぴつは　なんぼん　ありますか。

れいだい7とは　ちがって、こんどは　えんぴつが　たりません。あげたい　えんぴつの　かずより　いま　ある　えんぴつの　かずの　ほうが　すくないのです。

こどもの　人ずうを　□人と　すると

1人3ぼんずつあげる　3ぼん×□人－6ぽん＝えんぴつのかず

1人2ほんずつあげる　2ほん×□人－1ぽん＝えんぴつのかず

という　しきが　なりたつことが　わかります。

これを　ひょうに　かいて、えんぴつの　かずが　おなじに　なるところを　さがしましょう。

かふそくざん

こどもの にんずう	1人	2人	3人	4人	5人	6人
3ぼんずつ あげる	３×１－６＝ダメ	３×２－６＝０	３×３－６＝３	３×４－６＝６	**３×５－６＝９**	３×６－６＝１２
2ほんずつ あげる	２×１－１＝１	２×２－１＝３	２×３－１＝５	２×４－１＝７	**２×５－１＝９**	２×６－１＝１１

こたえは　５人の　ところ、９ほんが　せいかいです。

こたえ：　9　ほん

おうちの方へ：引き算のできないもの（差が負の数になるもの）については、計算しなくてもかまいません。ただし引けない（数値が負の数になる）ということは、正しい答の部分ではないということを、おしえてあげてください。

もんだい３１、えんぴつが　なんぼんか　あります。もし、その　えんぴつを　こどもたちに　１人　４ほんずつ　あげるとすると　９ほん　たりず、１人　３ぼんずつ　あげることに　しても　３ぼん　たりません。えんぴつは　なんぼん　ありますか。したの　ひょうに　すうじを　かきいれて、かんがえましょう。

こどもの にんずう	1人	2人	3人	4人	5人	6人	7人
4ほんずつ あげる	4×1−9=ダメ	4×2−9=ダメ	４×３－９＝３	４×　　－９＝	４×　　－９＝	４×　　－９＝	４×　　－９＝
3ぼんずつ あげる	3×1−3=0	3×2−3=3	３×３－３＝６	３×　　－３＝	３×　　－３＝	３×　　－３＝	３×　　－３＝

こたえ：　　　　ほん

もんだい３２、えんぴつが　なんぼんか　あります。もし、その　えんぴつを　こどもたちに　１人　４ほんずつ　あげるとすると　１６ぽん　たりず、１人　２ほんずつ　あげることに　しても　２ほん　たりません。こどもたちは　なん人　いますか。つぎの　ページの　ひょうに　すうじを　かきいれて、かんがえましょう。

かふそくざん

こどもの にんずう	1人	2人	3人	4人
4ほんずつ あげる	4×1-16=ダメ	4×2-16=ダメ	4×3-16=ダメ	4×　－１６＝
2ほんずつ あげる	2×1- 2= 0	2×2- 2= 2	2×3- 2= 4	2×　－　2＝

5人	6人	7人
4×　－１６＝	4×　－１６＝	4×　－１６＝
2×　－　2＝	2×　－　2＝	2×　－　2＝

こたえ：　　　　人

もんだい３３、おはじきが　なんこか　あります。もし、その　おはじきを　こどもたちに　１人　６こずつ　あげるとすると　１７こ　たりず、１人　４こずつ　あげることに　しても　３こ　たりません。おはじきは　なんこ　ありますか。したの　ひょうに　すうじを　かきいれて、かんがえましょう。

こどもの にんずう	1人	2人	3人	4人
6こずつ あげる	6×1-17=ダメ	6×2-17=ダメ	×　－　＝	×　－　＝
4こずつ あげる	4×1- 3= 1	4×2-3= 5	×　－　＝	×　－　＝

5人	6人	7人
×　－　＝	×　－　＝	×　－　＝
×　－　＝	×　－　＝	×　－　＝

こたえ：　　　　こ

もんだい３４、おはじきが　なんこか　あります。もし、その　おはじきを　こどもたちに　１人　９こずつ　あげるとすると　２５こ　たりず、１人　６こずつ　あげることに　しても　１こ　たりません。こどもたちは　なん人　いますか。したの　ひょうに　すうじを　かきいれて、かんがえましょう。

こどもの にんずう	1人	2人	3人	4人
9こずつ あげる	9×1-25=ダメ	9×2-25=ダメ	×　－　＝	×　－　＝
6こずつ あげる	6×1- 1= 5	6×2- 1=11	×　－　＝	×　－　＝

かふそくざん

5人	6人	7人
× − ＝	× − ＝	× − ＝
× − ＝	× − ＝	× − ＝

8人	9人	10人
× − ＝	× − ＝	× − ＝
× − ＝	× − ＝	× − ＝

こたえ：　　　　人

◆　◆　◆　◆　◆

れいだい10、えんぴつが　なんぼんか　あります。もし、その　えんぴつを　こどもたちに　1人　3ぼんずつ　あげるとすると　4ほん　たりず、1人　2ほんずつ　あげることに　すると　1ぽん　あまります。えんぴつは　なんぼん　ありますか。

れいだい7・8とも　9とも、また　すこし　ちがいますね。せいりしましょう。こどもの　人ずうを　□人と　すると、

1人3ぼんずつあげると4ほんたりない

3ぼん×□人−4ほん＝えんぴつのかず

1人2ほんずつあげると1ぽんあまる

2ほん×□人＋1ぽん＝えんぴつのかず

しきの「−」と「＋」が　ちがっていることに　ちゅういしましょう。

こどもの にんずう	1人	2人	3人
3ぼんずつ あげる	3×1−4＝ダメ	3×2−4＝2	3×3−4＝5
2ほんずつ あげる	2×1＋1＝3	2×2＋1＝5	2×3＋1＝7

4人	5人	6人
3×4−4＝8	**3×5−4＝11**	3×6−4＝14
2×4＋1＝9	**2×5＋1＝11**	2×6＋1＝13

こたえ：　11　ぽん

◆　◆　◆　◆　◆

もんだい３５、えんぴつが　なんぼんか　あります。もし、その　えんぴつを　こどもたちに　１人　４ほんずつ　あげるとすると　３ぼん　たりず、１人　３ぼんずつ　あげることに　すると　２ほん　あまります。えんぴつは　なんぼん　ありますか。したの　ひょうに　すうじを　かきいれて、かんがえましょう。

こどものにんずう	1人	2人	3人
4ほんずつあげる	4×1－3＝1	4×　－　＝	4×　－　＝
3ぼんずつあげる	3×1＋2＝5	3×　＋　＝	3×　＋　＝

4人	5人	6人
4×　－　＝	4×　－　＝	4×　－　＝
3×　＋　＝	3×　＋　＝	3×　＋　＝

こたえ：　　　　ほん

もんだい３６、えんぴつが　なんぼんか　あります。もし、その　えんぴつを　こどもたちに　１人　６ぽんずつ　あげるとすると　７ほん　たりず、１人　４ほんずつ　あげることに　すると　５ほん　あまります。こどもたちは　なん人　いますか。したの　ひょうに　すうじを　かきいれて、かんがえましょう。

こどものにんずう	1人	2人	3人
6ぽんずつあげる	6×1−7= ダメ	6×　－　＝	6×　－　＝
4ほんずつあげる	4×1＋5= 9	4×　＋　＝	4×　＋　＝

4人	5人	6人
6×　－　＝	6×　－　＝	6×　－　＝
4×　＋　＝	4×　＋　＝	4×　＋　＝

こたえ：　　　　人

かふそくざん

もんだい３７、けしごむが　なんこか　あります。もし、その　けしごむを　こどもたちに　１人　７こずつ　あげるとすると　８こ　たりず、１人　４こずつ　あげることに　すると　４こ　あまります。けしごむは　なんこ　ありますか。したの　ひょうに　すうじを　かきいれて、かんがえましょう。

こどもの にんずう	1人	2人	3人
7こずつ あげる	×　－　＝	×　－　＝	×　－　＝
4こずつ あげる	×　＋　＝	×　＋　＝	×　＋　＝

4人	5人	6人
×　－　＝	×　－　＝	×　－　＝
×　＋　＝	×　＋　＝	×　＋　＝

こたえ：　　　こ

もんだい３８、いろがみが　なんまいか　あります。もし、その　いろがみを　こどもたちに　１人　９まいずつ　あげるとすると　１４まい　たりず、１人　５まいずつ　あげることに　すると　１０まい　あまります。こどもたちは　なん人いますか。したの　ひょうに　すうじを　かきいれて、かんがえましょう。

こどもの にんずう	1人	2人	3人
9まいずつ あげる	×　－　＝	×　－　＝	×　－　＝
5まいずつ あげる	×　＋　＝	×　＋　＝	×　＋　＝

4人	5人	6人
×　－　＝	×　－　＝	×　－　＝
×　＋　＝	×　＋　＝	×　＋　＝

こたえ：　　　人

テスト４

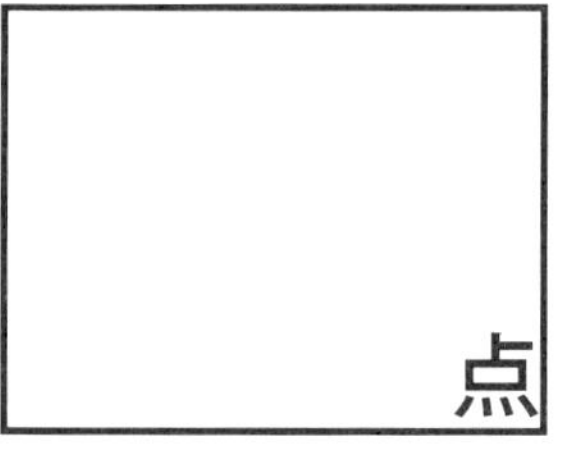

テスト４－１、えんぴつが　なんぼんか　あります。その　えんぴつを　こどもたちに　１人　４ほんずつ　あげると　５ほん　あまり、１人　５ほんずつ　あげると　１ぽん　あまります。えんぴつは　なんぼん　ありますか。したの　ひょうに　しきを　かきいれて、かんがえましょう。　(各　表５点、答５点)

こどもの にんずう	１人	２人	３人	４人	５人	６人
４ほんずつ あげた	4×　＋　＝					
５ほんずつ あげた	5×　＋　＝					

こたえ：　　　　ほん

テスト４－２、えんぴつが　なんぼんか　あります。もし、その　えんぴつを　こどもたちに　１人　７ほんずつ　あげるとすると　１７ほん　たりず、１人　５ほんずつ　あげることに　しても　１ぽん　たりません。えんぴつは　なんぼん　ありますか。したの　ひょうに　しきを　かきいれて、かんがえましょう。

こどもの にんずう	１人	２人	３人	４人	５人	６人	７人	８人	９人
７ほんずつ あげる	ダメ	ダメ	7×　－　＝						
５ほんずつ あげる			5×　－　＝						

こたえ：　　　　ほん

テスト４

テスト４－３、えんぴつが　なんぼんか　あります。もし、その　えんぴつを　こどもたちに　１人　８ぽんずつ　あげるとすると　２ほん　たりず、１人　７ほんずつ　あげることに　すると　３ぼん　あまります。こどもたちは　なん人　いますか。したの　ひょうに　しきを　かきいれて、かんがえましょう。

こどもの にんずう	１人	２人	３人
８ぽんずつ あげる			
７ほんずつ あげる			

４人	５人	６人

こたえ：　　　　人

テスト４－４、えんぴつが　なんぼんか　あります。もし、その　えんぴつを　こどもたちに　１人　５ほんずつ　あげるとすると　２ほん　あまり、１人　６ぽんずつ　あげることに　すると　３ぼん　たりません。こどもたちは　なん人　いますか。したの　ひょうに　しきを　かきいれて、かんがえましょう。

こどもの にんずう	１人	２人	３人
５ほんずつ あげる			
６ぽんずつ あげる			

４人	５人	６人

こたえ：　　　　人

テスト４－５、えんぴつが　なんぼんか　あります。その　えんぴつを　こどもたちに　１人　４ほんずつ　あげると　２８ほん　あまり、１人　７ほんずつ　あげても　４ほん　あまります。こどもたちの　人ずうは　なん人ですか。したの

テスト４

ひょうに　しきを　かきいれて、かんがえましょう。

こどもの にんずう	1人	2人	3人	4人	5人	6人	7人	8人	9人
４ほんずつ あげる									
７ほんずつ あげる									

こたえ：　　　人

テスト４－６、えんぴつが　なんぼんか　あります。もし、その　えんぴつを　こどもたちに　１人　６ぽんずつ　あげるとすると　１９ほん　たりず、１人　３ぼんずつ　あげることに　しても　１ぽん　たりません。こどもたちは　なん人いますか。したの　ひょうに　しきを　かきいれて、かんがえましょう。

こどもの にんずう	1人	2人	3人	4人	5人	6人
６ぽんずつ あげる						
３ぼんずつ あげる						

こたえ：　　　人

テスト４－７、えんぴつが　なんぼんか　あります。もし、その　えんぴつを　こどもたちに　１人　５ほんずつ　あげるとすると　１５ほん　たりず、１人　３ぼんずつ　あげることに　すると　３ぼん　あまります。えんぴつは　なんぼん

テスト４

ありますか。したの　ひょうに　しきを　かきいれて、かんがえましょう。

こどもの にんずう	1人	2人	3人
5ほんずつ あげる			
3ぼんずつ あげる			

4人	5人	6人

7人	8人	9人

こたえ：　　　　ほん

テスト４－8、えんぴつが　なんぼんか　あります。その　えんぴつを　こどもたちに　1人　6ぽんずつ　あげると　4ほん　あまり、1人　5ほんずつ　あげると　10ぽん　あまります。えんぴつは　なんぼん　ありますか。したの　ひょうに　しきを　かきいれて、かんがえましょう。

こどもの にんずう	1人	2人	3人
6ぽんずつ あげた			
5ほんずつ あげた			

4人	5人	6人

こたえ：　　　　ほん

テスト４－9、えんぴつが　なんぼんか　あります。もし、その　えんぴつを　こどもたちに　1人　8ほんずつ　あげるとすると　5ほん　あまり、1人　9ほん

ずつ　あげることに　すると　２ほん　たりません。えんぴつは　なんぼん　ありますか。したの　ひょうに　しきを　かきいれて、かんがえましょう。

こどもの にんずう	１人	２人	３人	４人	５人	６人	７人	８人	９人
８ほんずつ あげる									
９ほんずつ あげる									

こたえ：　　　　ほん

テスト４－１０、えんぴつが　なんぼんか　あります。もし、その　えんぴつを　こどもたちに　１人　９ほんずつ　あげるとすると　１６ぽん　たりず、１人　７ほんずつ　あげることに　すると　ちょうど　くばれました。えんぴつは　なんぼん　ありますか。したの　ひょうに　しきを　かきいれて、かんがえましょう。

こどもの にんずう	１人	２人	３人	４人	５人	６人	７人	８人	９人
９ほんずつ あげる									
７ほんずつ あげる									

こたえ：　　　　ほん

解　答　解き方は一例です

P 6

もんだい１　　こたえ：つる　**3**わ、　かめ　**2**ひき

	なんびき	なんぼん	なんびき	なんぼん	なんびき	なんぼん	なんびき	なんぼん	なんびき	なんぼん	なんびき	なんぼん
つる	5	10	4	8	3	6	2	4	1	2	0	0
かめ	0	0	1	4	2	8	3	12	4	16	5	20
ごうけい	5	10	5	12	5	14	5	16	5	18	5	20

もんだい２　　こたえ：つる　**4**わ、　かめ　**3**ひき

	なんびき	なんぼん	なんびき	なんぼん	なんびき	なんぼん	なんびき	なんぼん	なんびき	なんぼん	以下略
つる	0	0	1	2	2	4	3	6	4	8	
かめ	7	28	6	24	5	20	4	16	3	12	
ごうけい	7	28	7	26	7	24	7	22	7	20	

もんだい３　　こたえ：かせい人　**2**人、　すいせい人　**2**人

	なん人	なんぼん	なん人	なんぼん	なん人	なんぼん	以下略
かせい人	4	12	3	9	2	6	
すいせい人	0	0	1	5	2	10	
ごうけい	4	12	4	14	4	16	

P 7

もんだい４　　こたえ：かせい人　**2**人、　すいせい人　**3**人

	なん人	なんぼん	なん人	なんぼん	なん人	なんぼん	以下略
かせい人	0	0	1	3	2	6	
すいせい人	5	25	4	20	3	15	
ごうけい	5	25	5	23	5	21	

もんだい５　　こたえ：つる　**4**わ、　かめ　**6**ひき

	なんびき	なんぼん	なんびき	なんぼん	なんびき	なんぼん	なんびき	なんぼん	なんびき	なんぼん	なんびき	なんぼん	なんびき	なんぼん	以下略
つる	10	20	9	18	8	16	7	14	6	12	5	10	4	8	
かめ	0	0	1	4	2	8	3	12	4	16	5	20	6	24	
ごうけい	10	20	10	22	10	24	10	26	10	28	10	30	10	32	

もんだい６　　こたえ：もくせい人　**5**人、　すいせい人　**1**人　　（表は例です）

	なん人	なんぼん	なん人	なんぼん	以下略
もくせい人	6	24	5	20	
すいせい人	0	0	1	5	
ごうけい	6	24	6	25	

	なん人	なんぼん	なん人	なんぼん	なん人	なんぼん	なん人	なんぼん	なん人	なんぼん	なん人	なんぼん	以下略
もくせい人	0	0	1	4	2	8	3	12	4	16	5	20	
すいせい人	6	30	5	25	4	20	3	15	2	10	1	5	
ごうけい	6	30	6	29	6	28	6	27	6	26	6	25	

P 8

もんだい７　　こたえ：２こいり　**3**はこ、　３こいり　**2**はこ

	なんはこ	なんこ	なんはこ	なんこ	なんはこ	なんこ	以下略
2こいり	5	10	4	8	3	6	
3こいり	0	0	1	3	2	6	
ごうけい	5	10	5	11	5	12	

もんだい８　　こたえ：４こいり　**1**はこ、　６こいり　**3**はこ　　（表は例です）

解答

	なんはこ	なんこ	なんはこ	なんこ	以下略
4こいり	0	0	1	4	
6こいり	4	24	3	18	
ごうけい	4	24	4	22	

	なんはこ	なんこ	なんはこ	なんこ	なんはこ	なんこ	なんはこ	なんこ	以下略
4こいり	4	16	3	12	2	8	1	4	
6こいり	0	0	1	6	2	12	3	18	
ごうけい	4	16	4	18	4	20	4	22	

もんだい9　こたえ：2こいり **1**はこ、7こいり **5**はこ　（表は例です）

	なんはこ	なんこ	なんはこ	なんこ	以下略
2こいり	0	0	1	2	
7こいり	6	42	5	35	
ごうけい	6	42	6	37	

	なんはこ	なんこ	なんはこ	なんこ	なんはこ	なんこ	なんはこ	なんこ	なんはこ	なんこ	なんはこ	なんこ	以下略
2こいり	6	12	5	10	4	8	3	6	2	4	1	2	
7こいり	0	0	1	7	2	14	3	21	4	28	5	35	
ごうけい	6	12	6	17	6	22	6	27	6	32	6	37	

P９

もんだい１０　こたえ：5えん **2**まい、6えん **2**まい

	なんまい	なんえん	なんまい	なんえん	なんまい	なんえん	以下略
5えん	4	20	3	15	2	10	
6えん	0	0	1	6	2	12	
ごうけい	4	20	4	21	4	22	

もんだい１１　こたえ：3えん **5**まい、7えん **1**まい

	なんまい	なんえん	なんまい	なんえん	以下略
3えん	6	18	5	15	
7えん	0	0	1	7	
ごうけい	6	18	6	22	

P１０

もんだい１２　こたえ：5えん **5**こ、8えん **5**こ

	なんこ	なんえん	なんこ	なんえん	なんこ	なんえん	なんこ	なんえん	なんこ	なんえん	なんこ	なんえん	以下略
5えん	10	50	9	45	8	40	7	35	6	30	5	25	
8えん	0	0	1	8	2	16	3	24	4	32	5	40	
ごうけい	10	50	10	53	10	56	10	59	10	62	10	65	

もんだい１３、　こたえ：3cm **6**ほん、7cm **5**ほん

	なんほん	なんcm	なんほん	なんcm	なんほん	なんcm	なんほん	なんcm	なんほん	なんcm	なんほん	なんcm	以下略
3cm	11	33	10	30	9	27	8	24	7	21	6	18	
7cm	0	0	1	7	2	14	3	21	4	28	5	35	
ごうけい	11	33	11	37	11	41	11	45	11	49	11	53	

P１１

テスト１ー１　こたえ：つる **3**わ、かめ **4**ひき　（表は例です）

	なんびき	なんぼん	なんびき	なんぼん	なんびき	なんぼん	なんびき	なんぼん	なんびき	なんぼん	以下略
つる	7	14	6	12	5	10	4	8	3	6	
かめ	0	0	1	4	2	8	3	12	4	16	
ごうけい	7	14	7	16	7	18	7	20	7	22	

	なんびき	なんぼん	なんびき	なんぼん	なんびき	なんぼん	なんびき	なんぼん	以下略
つる	0	0	1	2	2	4	3	6	
かめ	7	28	6	24	5	20	4	16	
ごうけい	7	28	7	26	7	24	7	22	

解答

P１１

テスト１－２　　こたえ：つる　**3**わ、　かめ　**7**ひき　　　（表は例です）

	なんびき	なんぼん	なんびき	なんぼん	なんびき	なんぼん	なんびき	なんぼん	なんびき	なんぼん	なんびき	なんぼん	なんびき	なんぼん	なんびき	なんぼん	以下略
つる	10	20	9	18	8	16	7	14	6	12	5	10	4	8	**3**	6	
かめ	0	0	1	4	2	8	3	12	4	16	5	20	6	24	**7**	28	
ごうけい	10	20	10	22	10	24	10	26	10	28	10	30	10	32	10	34	

	なんびき	なんぼん	なんびき	なんぼん	なんびき	なんぼん	なんびき	なんぼん	以下略
つる	0	0	1	2	2	4	**3**	6	
かめ	10	40	9	36	8	32	**7**	28	
ごうけい	10	40	10	38	10	36	10	34	

テスト１－３　　こたえ：かせい人（じん）　**3**人、　すいせい人（じん）　**3**人　　　（表は例です）

	なん人	なんぼん	なん人	なんぼん	なん人	なんぼん	なん人	なんぼん	以下略
かせい人	0	0	1	3	2	6	**3**	9	
すいせい人	6	30	5	25	4	20	**3**	15	
ごうけい	6	30	6	28	6	26	6	24	

	なん人	なんぼん	なん人	なんぼん	なん人	なんぼん	なん人	なんぼん	以下略
かせい人	6	18	5	15	4	12	**3**	9	
すいせい人	0	0	1	5	2	10	**3**	15	
ごうけい	6	18	6	20	6	22	6	24	

P１２

テスト１－４　　こたえ：３えん　**5**まい、　８えん　**1**まい　　　（表は例です）

	なんまい	なんえん	なんまい	なんえん	以下略
３えん	6	18	**5**	15	
８えん	0	0	**1**	8	
ごうけい	6	18	6	23	

	なんまい	なんえん	なんまい	なんえん	なんまい	なんえん	なんまい	なんえん	なんまい	なんえん	なんまい	なんえん	以下略
３えん	0	0	1	3	2	6	3	9	4	12	**5**	15	
８えん	6	48	5	40	4	32	3	24	2	16	**1**	8	
ごうけい	6	48	6	43	6	38	6	33	6	28	6	23	

テスト１－５　　こたえ：２えん　**8**こ、　９えん　**2**こ　　　（表は例です）

	なんこ	なんえん	なんこ	なんえん	なんこ	なんえん	以下略
２えん	10	20	9	18	**8**	16	
９えん	0	0	1	9	**2**	18	
ごうけい	10	20	10	27	10	34	

	なんこ	なんえん	なんこ	なんえん	なんこ	なんえん	なんこ	なんえん	なんこ	なんえん	なんこ	なんえん	なんこ	なんえん	なんこ	なんえん	なんこ	なんえん	以下略
２えん	0	0	1	2	2	4	3	6	4	8	5	10	6	12	7	14	**8**	16	
９えん	10	90	9	81	8	72	7	63	6	54	5	45	4	36	3	27	**2**	18	
ごうけい	10	90	10	83	10	76	10	69	10	62	10	55	10	48	10	41	10	34	

P１４

もんだい１４　　こたえ：　**5**こずつ

	なんこ	なんえん	なんこ	なんえん	なんこ	なんえん	なんこ	なんえん	なんこ	なんえん	
キャンディー	1	5	2	10	3	15	4	20	5	25	
ガム	1	4	2	8	3	12	4	16	**5**	20	
さ		1		2		3		4		5	

解答

もんだい１５、　　　　こたえ：　５こずつ

	なんこ	なんえん	なんこ	なんえん	なんこ	なんえん	なんこ	なんえん	なんこ	なんえん
キャンディー	1	7	2	14	3	21	4	28	5	35
ガム	1	3	2	6	3	9	4	12	5	15
さ		4		8		12		16		20

Ｐ１４

もんだい１６、　　　　こたえ：　６ほんずつ

	なんぼん	なん cm	なんぼん	なん cm	なんぼん	なん cm	なんぼん	なん cm	なんぼん	なん cm	なんぼん	なん cm
あおいひも	1	8	2	16	3	24	4	32	5	40	6	48
あかいひも	1	5	2	10	3	15	4	20	5	25	6	30
さ		3		6		9		12		15		18

Ｐ１５

もんだい１７、　　　　こたえ：　７ほんずつ

	なんぼん	なん cm	なんぼん	なん cm	なんぼん	なん cm	なんぼん	なん cm	なんぼん	なん cm	なんぼん	なん cm	なんぼん	なん cm
あおいひも	1	9	2	18	3	27	4	36	5	45	6	54	7	63
あかいひも	1	2	2	4	3	6	4	8	5	10	6	12	7	14
さ		7		14		21		28		35		42		49

もんだい１８　　　　こたえ：　４はこずつ

	なんはこ	なんこ	なんはこ	なんこ	なんはこ	なんこ	なんはこ	なんこ
しろい おはじき	1	9	2	18	3	27	4	36
きいろい おはじき	1	3	2	6	3	9	4	12
さ		6		12		18		24

もんだい１９　　　　こたえ：　７はこずつ

	なんはこ	なんこ	なんはこ	なんこ	なんはこ	なんこ	なんはこ	なんこ	なんはこ	なんこ	なんはこ	なんこ	なんはこ	なんこ
きいろい キャンディ	1	7	2	14	3	21	4	28	5	35	6	42	7	49
あかい キャンディ	1	2	2	4	3	6	4	8	5	10	6	12	7	14
さ		5		10		15		20		25		30		35

Ｐ１６

もんだい２０　　　　こたえ：　６はこずつ

	なんはこ	なんこ	なんはこ	なんこ	なんはこ	なんこ	なんはこ	なんこ	なんはこ	なんこ	なんはこ	なんこ
あかい ビーだま	1	8	2	16	3	24	4	32	5	40	6	48
あおい ビーだま	1	3	2	6	3	9	4	12	5	15	6	18
さ		5		10		15		20		25		30

もんだい２１　　　　こたえ：　６ほんずつ

	なんぼん	なん cm	なんぼん	なん cm	なんぼん	なん cm	なんぼん	なん cm	なんぼん	なん cm	なんぼん	なん cm
あおいひも	1	8	2	16	3	24	4	32	5	40	6	48
あかいひも	1	7	2	14	3	21	4	28	5	35	6	42
さ		1		2		3		4		5		6

解答

P１７

テスト２－１　　こたえ：　５こずつ

	なんこ	なんえん	なんこ	なんえん	なんこ	なんえん	なんこ	なんえん	なんこ	なんえん
キャンディー	1	7	2	14	3	21	4	28	**5**	35
ガム	1	4	2	8	3	12	4	16	**5**	20
さ		3		6		9		12		15

テスト２－２　　こたえ：　**7**ほんずつ

	なんぼん	なん cm	なんぼん	なん cm	なんぼん	なん cm	なんぼん	なん cm	なんぼん	なん cm	なんぼん	なん cm	なんぼん	なん cm
あおいひも	1	7	2	14	3	21	4	28	5	35	6	42	**7**	49
あかいひも	1	3	2	6	3	9	4	12	5	15	6	18	**7**	21
さ		4		8		12		16		20		24		28

テスト２－３　　こたえ：　**6**ほんずつ

	なんぼん	なん cm	なんぼん	なん cm	なんぼん	なん cm	なんぼん	なん cm	なんぼん	なん cm	なんぼん	なん cm
あおいひも	1	9	2	18	3	27	4	36	5	45	**6**	54
あかいひも	1	1	2	2	3	3	4	4	5	5	**6**	6
さ		8		16		24		32		40		48

P１８

テスト２－４　　こたえ：　**6**はこずつ

	なんはこ	なんこ	なんはこ	なんこ	なんはこ	なんこ	なんはこ	なんこ	なんはこ	なんこ	なんはこ	なんこ
しろい おはじき	1	7	2	14	3	21	4	28	5	35	**6**	42
きいろい おはじき	1	2	2	4	3	6	4	8	5	10	**6**	12
さ		5		10		15		20		25		30

テスト２－５　　こたえ：　**9**はこずつ

	なんはこ	なんこ	なんはこ	なんこ	なんはこ	なんこ	なんはこ	なんこ	なんはこ	なんこ	なんはこ	なんこ	なんはこ	なんこ	なんはこ	なんこ	なんはこ	なんこ
しろい キャンディ	1	8	2	16	3	24	4	32	5	40	6	48	7	56	8	64	**9**	72
きいろい キャンディ	1	4	2	8	3	12	4	16	5	20	6	24	7	28	8	32	**9**	36
さ		4		8		12		16		20		24		28		32		36

P２０

もんだい２２　　こたえ：　**２０**えん

	なんこ	なんえん	なんこ	なんえん	なんこ	なんえん	なんこ	なんえん
４えんのガム	2	8	3	12	4	16	5	**20**
５えんのガム	1	5	2	10	3	15	4	**20**
さ	1		1		1		1	

P２１

もんだい２３　　こたえ：　**4**こ

	なんこ	なんえん	なんこ	なんえん	なんこ	なんえん
６えんのあめ	2	12	3	18	**4**	24
８えんのあめ	1	8	2	16	3	24
さ	1		1		1	

解答

P２１

もんだい２４　　　　　こたえ：　**２４**えん

	なんこ	なんえん	なんこ	なんえん	なんこ	なんえん	なんこ	なんえん
４えんのガム	3	12	4	16	5	20	6	**24**
６えんのガム	1	6	2	12	3	18	4	**24**
さ	2		2		2		2	

もんだい２５　　　　　こたえ：　**８**こ

	なんこ	なんえん	なんこ	なんえん	なんこ	なんえん	なんこ	なんえん
４えんのあめ	5	20	6	24	7	28	**8**	32
８えんのあめ	1	8	2	16	3	24	4	32
さ	4		4		4		4	

P２２

もんだい２６　　　　　こたえ：　**３６**えん

	なんこ	なんえん	なんこ	なんえん	なんこ	なんえん	なんこ	なんえん
９えんのガム	1	9	2	18	3	27	4	**36**
６えんのガム	3	18	4	24	5	30	6	**36**
さ	2		2		2		2	

もんだい２７　　　　　こたえ：　**４**こ

	なんこ	なんえん	なんこ	なんえん	なんこ	なんえん	なんこ	なんえん
６えんのあめ	1	6	2	12	3	18	**4**	24
３えんのあめ	5	15	6	18	7	21	8	24
さ	4		4		4		4	

P２３

テスト３－１　　　　　こたえ：　**１８**えん

	なんこ	なんえん	なんこ	なんえん	なんこ	なんえん
２えんのガム	7	14	8	16	9	**18**
６えんのガム	1	6	2	12	3	**18**
さ	6		6		6	

テスト３－２　　　　　こたえ：　**５**まい

	なんまい	なんえん	なんまい	なんえん
４えんのいろがみ	4	16	**5**	20
１０えんのいろがみ	1	10	2	20
さ	3		3	

テスト３－３　　　　　こたえ：　**１８**えん

	なんこ	なんえん	なんこ	なんえん
３えんのあめ	5	15	6	**18**
９えんのあめ	1	9	2	**18**
さ	4		4	

解答

P２４

テスト３－４　　　　こたえ：　**３**まい

	なんまい	なんえん	なんまい	なんえん	なんまい	なんえん
１０えんのおせんべい	1	10	2	20	**3**	30
６えんのおせんべい	3	18	4	24	5	30
さ	2		2		2	

テスト３－５　　　　こたえ：　**２４**えん

	なんこ	なんえん	なんこ	なんえん	なんこ	なんえん
８えんのガム	1	8	2	16	3	**24**
６えんのガム	2	12	3	18	4	**24**
さ	1		1		1	

P２７

もんだい２８　　　　こたえ：　**２８**ほん

こどものにんずう	１人	２人	３人	４人	５人
３ぼんずつあげた	３×１＋１３＝１６	３×２＋１３＝１９	３×３＋１３＝２２	３×４＋１３＝２５	３×５＋１３＝**２８**
５ほんずつあげた	５×１＋　３＝　８	５×２＋　３＝１３	５×３＋　３＝１８	５×４＋　３＝２３	５×５＋　３＝**２８**

もんだい２９　　　　こたえ：　**６**人

こどものにんずう	１人	２人	３人	４人	５人	**６人**
３ぼんずつあげた	３×１＋２５＝２８	３×２＋２５＝３１	３×３＋２５＝３４	３×４＋２５＝３７	３×５＋２５＝４０	３×６＋２５＝４３
７ほんずつあげた	７×１＋　１＝　８	７×２＋　１＝１５	７×３＋　１＝２２	７×４＋　１＝２９	７×５＋　１＝３６	７×６＋　１＝４３

もんだい３０　　　　こたえ：　**２６**こ

こどものにんずう	１人	２人	３人	４人
２こずつあげた	２×１＋１８＝２０	２×２＋１８＝２２	２×３＋１８＝２４	２×４＋１８＝**２６**
６こずつあげた	６×１＋　２＝　８	６×２＋　２＝１４	６×３＋　２＝２０	６×４＋　２＝**２６**

P２９

もんだい３１　　　　こたえ：　**１５**ほん

こどものにんずう	１人	２人	３人	４人	５人	６人
４ほんずつあげる	4×1-9=ダメ	4×2-9=ダメ	４×３－９＝３	４×**４**－９＝**７**	４×**５**－９＝１１	４×**６**－９＝**１５**
３ぼんずつあげる	3×1-3=0	3×2-3=3	３×３－３＝６	３×**４**－３＝**９**	３×**５**－３＝１２	３×**６**－３＝**１５**

解答

P29

もんだい32　　　　こたえ：　**7人**

こどものにんずう	1人	2人	3人	4人	5人	6人	**7人**
4ほんずつあげる	4×1-16=ダメ	4×2-16=ダメ	4×3-16=ダメ	4×4−16=0	4×5−16=4	4×6−16=8	4×7−16=12
2ほんずつあげる	2×1-2=0	2×2-2=2	2×3-2=4	2×4−2=6	2×5−2=8	2×6−2=10	2×7−2=12

P30

もんだい33　　　　こたえ：　**25こ**

こどものにんずう	1人	2人	3人	4人	5人	6人	7人
6こずつあげる	6×1-17=ダメ	6×2-17=ダメ	6×3−17=1	6×4−17=7	6×5−17=13	6×6−17=19	6×7−17=25
4こずつあげる	4×1-3=1	4×2-3=5	4×3−3=9	4×4−3=13	4×5−3=17	4×6−3=21	4×7−3=25

もんだい34　　　　こたえ：　**8人**

こどものにんずう	1人	2人	3人	4人	5人	6人	7人	**8人**
9こずつあげる	9×1-25=ダメ	9×2-25=ダメ	9×3−25=2	9×4−25=11	9×5−25=20	9×6−25=29	9×7−25=38	9×8−25=47
6こずつあげる	6×1-1=5	6×2-1=11	6×3−1=17	6×4−1=23	6×5−1=29	6×6−1=35	6×7−1=41	6×8−1=47

P32

もんだい35　　　　こたえ：　**17ほん**

こどものにんずう	1人	2人	3人	4人	5人
4ほんずつあげる	4×1−3=1	4×2−3=5	4×3−3=9	4×4−3=13	4×5−3=17
3ほんずつあげる	3×1+2=5	3×2+2=8	3×3+2=11	3×4+2=14	3×5+2=17

もんだい36　　　　こたえ：　**6人**

こどものにんずう	1人	2人	3人	4人	5人	**6人**
6ほんずつあげる	6×1-7=ダメ	6×2−7=5	6×3−7=11	6×4−7=17	6×5−7=23	6×6−7=29
4ほんずつあげる	4×1+5=9	4×2+5=13	4×3+5=17	4×4+5=21	4×5+5=25	4×6+5=29

解答

P３３

もんだい３７　　　　　　こたえ：　**２０**こ

こどもの にんずう	1人	2人	3人	4人
7こずつ あげる	7×1－8＝ダメ	7×2－8＝　6	7×3－8＝13	7×4－8＝**20**
4こずつ あげる	4×1＋4＝　8	4×2＋4＝12	4×3＋4＝16	4×4＋4＝**20**

もんだい３８　　　　　　こたえ：　**６**人

こどもの にんずう	1人	2人	3人	4人	5人	**6人**
9まいずつ あげる	9×1－14＝ダメ	9×2－14＝　4	9×3－14＝13	9×4－14＝22	9×5－14＝31	9×6－14＝40
5まいずつ あげる	5×1＋10＝15	5×2＋10＝20	5×3＋10＝25	5×4＋10＝30	5×5＋10＝35	5×6＋10＝40

P３４

テスト４－１　　　　　　こたえ：　**２１**ほん

こどもの にんずう	1人	2人	3人	4人
4ほんずつ あげた	4×1＋5＝9	4×2＋5＝13	4×3＋5＝17	4×4＋5＝**21**
5ほんずつ あげた	5×1＋1＝6	5×2＋1＝11	5×3＋1＝16	5×4＋1＝**21**

テスト４－２　　　　　　こたえ：　**３９**ほん

こどもの にんずう	1人	2人	3人	4人	5人	6人	7人	8人
7ほんずつ あげる	ダメ	ダメ	7×3－17＝　4	7×4－17＝11	7×5－17＝18	7×6－17＝25	7×7－17＝32	7×8－17＝**39**
5ほんずつ あげる			5×3－　1＝14	5×4－　1＝19	5×5－　1＝24	5×6－　1＝29	5×7－　1＝34	5×8－　1＝**39**

P３５

テスト４－３　　　　　　こたえ：　**５**人

こどもの にんずう	1人	2人	3人	4人	**5人**
8ほんずつ あげる	8×1－2＝　6	8×2－2＝14	8×3－2＝22	8×4－2＝30	8×5－2＝38
7ほんずつ あげる	7×1＋3＝10	7×2＋3＝17	7×3＋3＝24	7×4＋3＝31	7×5＋3＝38

解答

P３５

テスト４－４　　　こたえ：　**５**人

こどもの にんずう	1人	2人	3人	4人	**5人**
5ほんずつ あげる	５×１＋２＝７	５×２＋２＝１２	５×３＋２＝１７	５×４＋２＝２２	５×５＋２＝２７
6ぼんずつ あげる	６×１－３＝３	６×２－３＝　９	６×３－３＝１５	６×４－３＝２１	６×５－３＝２７

テスト４－５　　　こたえ：　**８**人

こどもの にんずう	1人	2人	3人	4人	5人	6人	7人	**8人**
4ほんずつ あげる	４×１＋２８＝３２	４×２＋２８＝３６	４×３＋２８＝４０	４×４＋２８＝４４	４×５＋２８＝４８	４×６＋２８＝５２	４×７＋２８＝５６	４×８＋２８＝６０
7ほんずつ あげる	７×１＋　４＝１１	７×２＋　４＝１８	７×３　＋４＝２５	７×４＋　４＝３２	７×５＋　４＝３９	７×６＋　４＝４６	７×７＋　４＝５３	７×８＋　４＝６０

P３６

テスト４－６　　　こたえ：　**６**人

こどもの にんずう	1人	2人	3人	4人	5人	**6人**
6ぽんずつ あげる	６×１－１９＝ダメ	６×２－１９＝ダメ	６×３－１９＝ダメ	６×４－１９＝　５	６×５－１９＝１１	６×６－１９＝１７
3ぼんずつ あげる	３×１－　１＝　２※	３×２－　１＝　５※	３×３－　１＝　８※	３×４－　１＝１１	３×５－　１＝１４	３×６－　１＝１７

(※の欄は書かなくてもよい)

テスト４－７　　　こたえ：　**３０**ほん

こどもの にんずう	1人	2人	3人	4人	5人	6人	7人	8人	9人
5ほんずつ あげる	５×１－１５＝ダメ	５×２－１５＝ダメ	５×３－１５＝　０	５×４－１５＝　５	５×５－１５＝１０	５×６－１５＝１５	５×７－１５＝２０	５×８－１５＝２５	５×９－１５＝**３０**
3ぼんずつ あげる	３×１＋　３＝　６※	３×２＋　３＝　９※	３×３＋　３＝１２	３×４＋　３＝１５	３×５＋　３＝１８	３×６＋　３＝２１	３×７＋　３＝２４	３×８＋　３＝２７	３×９＋　３＝**３０**

(※の欄は書かなくてもよい)

解答

P３７

テスト４－８　　　　　　こたえ：　**４０**ほん

こどものにんずう	1人	2人	3人	4人	5人	6人
6ほんずつあげる	６×１＋　４＝１０	６×２＋　４＝１６	６×３＋　４＝２２	６×４＋　４＝２８	６×５＋　４＝３４	６×６＋　４＝**４０**
4ほんずつあげる	５×１＋１０＝１５	５×２＋１０＝２０	５×３＋１０＝２５	５×４＋１０＝３０	５×５＋１０＝３５	５×６＋１０＝**４０**

テスト４－９　　　　　　こたえ：　**６１**ほん

こどものにんずう	1人	2人	3人	4人	5人	6人	7人
8ほんずつあげる	８×１＋５＝１３	８×２＋５＝２１	８×３＋５＝２９	８×４＋５＝３７	８×５＋５＝４５	８×６＋５＝５３	８×７＋５＝**６１**
9ほんずつあげる	９×１－２＝　７	９×２－２＝１６	９×３－２＝２５	９×４－２＝３４	９×５－２＝４３	９×６－２＝５２	９×７－２＝**６１**

P３８

テスト４－１０　　　　　こたえ：　**５６**ほん

こどものにんずう	1人	2人	3人	4人	5人	6人	7人	8人
9ほんずつあげる	９×１－１６＝ダメ	９×２－１６＝　２	９×３－１６＝１１	９×４－１６＝２０	９×５－１６＝２９	９×６－１６＝３８	９×７－１６＝４７	９×８－１６＝**５６**
7ほんずつあげる	７×１　　＝　７※	７×２　　＝１４	７×３　　＝２１	７×４　　＝２８	７×５　　＝３５	７×６　　＝４２	７×７　　＝４９	７×８　　＝**５６**

(※の欄は書かなくてもよい)

M.acceess　学びの理念

☆**学びたいという気持ちが大切です**
勉強を強制されていると感じているのではなく、心から学びたいと思っていることが、子どもを伸ばします。

☆**意味を理解し納得する事が学びです**
たとえば、公式を丸暗記して当てはめて解くのは正しい姿勢ではありません。意味を理解し納得するまで考えることが本当の学習です。

☆**学びには生きた経験が必要です**
家の手伝い、スポーツ、友人関係、近所付き合いや学校生活もしっかりできて、「学び」の姿勢は育ちます。
生きた経験を伴いながら、学びたいという心を持ち、意味を理解、納得する学習をすれば、負担を感じるほどの多くの問題をこなさずとも、子どもたちはそれぞれの目標を達成することができます。

発刊のことば

「生きてゆく」ということは、道のない道を歩いて行くようなものです。「答」のない問題を解くようなものです。今まで人はみんなそれぞれ道のない道を歩き、「答」のない問題を解いてきました。

子どもたちの未来にも、定まった「答」はありません。もちろん「解き方」や「公式」もありません。

私たちの後を継いで世界の明日を支えてゆく彼らにもっとも必要な、そして今、社会でもっとも求められている力は、この「解き方」も「公式」も「答」すらもない問題を解いてゆく力ではないでしょうか。

人間のはるかに及ばない、素晴らしい速さで計算を行うコンピューターでさえ、「解き方」のない問題を解く力はありません。特にこれからの人間に求められているのは、「解き方」も「公式」も「答」もない問題を解いてゆく力であると、私たちは確信しています。

M.access の教材が、これからの社会を支え、新しい世界を創造してゆく子どもたちの成長に、少しでも役立つことを願ってやみません。

思考力算数練習帳シリーズ
シリーズ５４　ひょうでとくもんだい　つるかめざん・さあつめざん・かふそくざん　整数範囲

初版　第１刷
編集者　M.access（エム・アクセス）
発行所　株式会社　認知工学
〒６０４−８１５５　京都市中京区錦小路烏丸西入ル占出山町 308
電話　（０７５）２５６−７７２３　　email : ninchi@sch.jp
郵便振替　０１０８０−９−１９３６２　株式会社認知工学

ISBN978-4-86712-154-2　C-6341　　A540124C　M

定価＝ 本体６００円 ＋税